小牛顿
植物生存高手

小牛顿科学教育公司编辑团队 编著

适应篇

U0378367

扫描二维码回复【小牛顿】

即可观看独家科普视频

北京时代华文书局

目 录
contents

关于这套书

　　大自然奇妙而神秘，且处处充满危机，野生动植物为了存活，发展出种种独特的生存技巧。捕猎、用毒、模仿，角力、筑巢和变性，变形根、变形刺，寄生与附生的生长方式。这些生存妙招令人惊奇，而动植物们之间的生存竞争也十分精彩。

　　《小牛顿生存高手》系列为孩子搜罗出藏身在大自然中各式各样的生存高手。此书不仅可以让孩子认识动物行为、动物生理和植物生态的知识，更启发孩子尊重自然，爱护生命的情操。

叶变化高手

▶ 本单元含视频

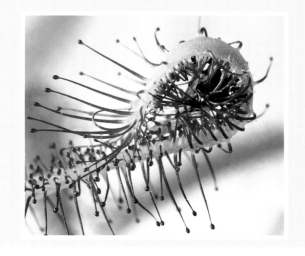

茎变化高手

茎叶果变刺防卫高手

根变化高手

▶ **本单元含视频**

叶变化高手

　　叶子是植物制造养分的器官，里面有许多叶绿素，让叶子呈现绿色。叶绿素可以利用阳光、水与二氧化碳，进行光合作用，制造出植物需要的养分。有些植物为了适应环境，它们的叶子，演变出了新功能，不仅可以制造养分，还能够储水、抓虫等，叶子也因此出现不同的形态变化。这些叶变形高手，透过叶子的变化，在各种环境中成功生存。

扫描二维码回复【小牛顿】

即可观看独家科普视频

叶脉

叶子最重要的功能，就是进行光合作用，制造养分以供生长所需。叶子上的叶脉是运送水分及养分的管道，叶子制造出的养分，就透过这个管道运送至各处。

豌豆部分的叶子变成卷须，只要碰到物体就会缠绕固定，让一整棵植株可以依靠着物体往上生长。豌豆靠这个方法，最高可以长到 2 米高。

豌豆 抓得紧紧的卷须

　　豌豆是草本植物，它们不像大树拥有粗壮的茎可以撑起身体，不断向上长高，争抢阳光。豌豆为了获得更多的阳光来制造更多的养分，会攀附在其他植物上，一路往高处爬，而它们往上爬的构造，是将一部分的叶片变形成卷须，这些卷须只要碰触到其他植物，就会缠绕着它们生长，豌豆就能抓住这些植物，来向上爬高，直到抵达最高处，优先取得阳光，就能快速成长。

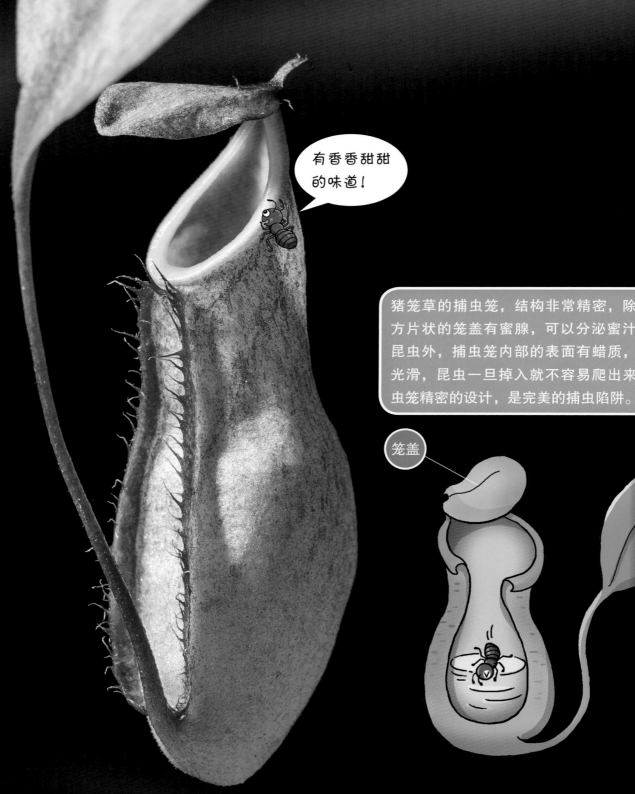

有香香甜甜的味道！

猪笼草的捕虫笼，结构非常精密，除了上方片状的笼盖有蜜腺，可以分泌蜜汁吸引昆虫外，捕虫笼内部的表面有蜡质，非常光滑，昆虫一旦掉入就不容易爬出来，捕虫笼精密的设计，是完美的捕虫陷阱。

笼盖

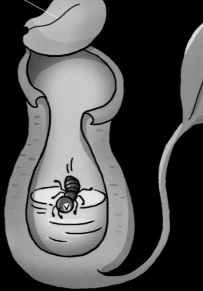

猪笼草的种类很多，有些捕虫笼会垂挂在半空中，有些种类的捕虫笼则是在地面上，捕虫笼的造型也略有不同。

猪笼草 甜蜜陷阱抓虫

　　猪笼草生长在亚洲潮湿的热带森林中，因为生活的地区雨量多，土壤常被大量雨水冲刷，留不住养分，尤其是植物生长所需的氮。许多猪笼草无法从土壤中获得足够的氮，因此演变出了奇异功能，直接从昆虫身上取得氮。这些猪笼草的叶片末端长出了瓶状捕虫笼，这个捕虫笼是个捕虫陷阱，用来捕捉昆虫。这些猪笼草的捕虫笼会分泌蜜汁吸引昆虫，当昆虫被吸引前来时，会因为捕虫笼里面很光滑，而失足滑入捕虫笼中，被困在捕虫笼里的昆虫几乎不可能爬出来，就只能被里面的消化液分解，猪笼草就能吸收昆虫身体的养分，获得足够的氮。

感觉毛

刺毛

捕蝇草的部分叶片特化成捕虫叶，捕虫叶上的蜜腺、感觉毛，与叶片边缘的刺毛，都是为了捕捉昆虫而有的特殊设计，叶片合上后，还会逐渐越关越紧，昆虫完全没有逃脱的机会。

捕蝇草监牢捕虫

　　捕蝇草生活的地方是湿地草原地带，这里的土壤养分不丰富，捕蝇草无法获取足够的氮，所以它采取了与猪笼草一样的策略，捕捉昆虫来补充氮。捕蝇草的叶片特化成可以开合的捕虫叶，平常是打开的状态，捕虫叶上面的蜜腺可以分泌蜜汁吸引昆虫，当昆虫停在叶片上，并触动叶片上的感觉毛时，捕虫叶即会快速合上，夹住昆虫，叶片边缘的刺毛也会相互交叉，就像是栏杆一样，昆虫因此被挡住，无法逃脱。接着捕虫叶再分泌消化液，慢慢地消化昆虫，获取所需养分。

茅膏菜分布的范围很广,种类也很多,各大洲都可以看到它。茅膏菜利用腺毛分泌的蜜露,来吸引并捕捉猎物。猎物越是挣扎,叶片会因受到刺激而逐渐卷起,包住猎物,等消化完猎物后,叶片会再次展开。

茅膏菜 用黏液抓虫

　　茅膏菜也是食虫植物的一种，它们透过捕捉昆虫，来补充生长所需的氮。茅膏菜的部分叶片上面，演化出了许多的腺毛，这些腺毛就是茅膏菜甜蜜的陷阱，腺毛末端会分泌蜜露，对昆虫而言是挡不住的诱惑，但这些蜜露不仅可以用来吸引昆虫，也是捕捉猎物的工具，蜜露很黏稠，被吸引而飞到叶片上的昆虫，很快就会被蜜露粘住，怎么挣扎都无法逃脱，接着茅膏菜感受到猎物的挣扎后，开始将叶片卷起，将猎物包在叶片中，再分泌消化液，消化猎物，吸收养分。

不同种类的茅膏菜，捕虫叶的形状不同，有的是细长形的，有些则比较偏圆形。

肥厚的鳞状叶，其实是细长叶片的基部膨大形成的。

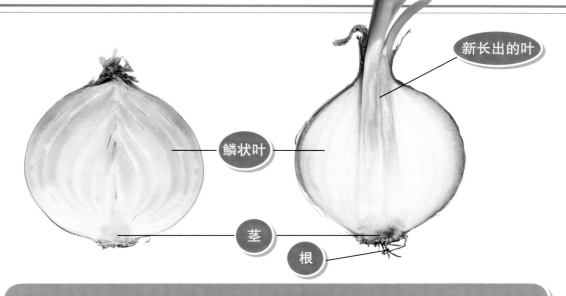

新长出的叶

鳞状叶

茎

根

> 洋葱的茎极短，只是一个盘状的构造，称为鳞茎。鳞茎会向下长出须根，向上长出叶。肥厚的鳞状叶则围绕在茎外，一层层叠在一起，形成球状。

洋葱鳞状叶渡难关

　　当遇到长时间的干旱，身体细小的小草，通常会因为留不住体内的水分，而缺水死亡。而洋葱却有独特的保水妙招，在环境良好时，它的根会不断吸收土中的水和养分，供应生长所需，而没用完的水和养分，就储存在叶子的基部，因此，它每一片叶子的基部，都膨大且变厚，特化成鳞状叶，一层一层的鳞状叶包裹起来，看起来就像一颗球。一旦遇到干旱，洋葱就会舍弃顶端的绿叶，甚至连地下的根都死亡，只留下球状的鳞状叶，和短短的茎，蛰伏在土中，消耗事先储存的水和养分，等待下一场雨的到来，就能再度长出新的根与叶。

芦荟的叶片中存有大量水分，能度过少雨的干旱期。芦荟的叶片边缘有刺，可以避免珍贵的叶片被动物啃食。

14

芦荟 厚厚叶片储存水分

　　芦荟通常生长在沙漠或是海岸边等干燥的地区，不只雨水少，还可能有长时间不下雨的干旱期。芦荟为了可以度过无水的干旱期，它的叶片经过特化，除了可以制造养分外，还多了储存水分的功能。芦荟将水分储存在叶片中，因此芦荟的叶子比其他植物的叶子还厚实。与芦荟一样可以储存水分的植物很多，统称为多肉植物，多肉植物的叶片都比较厚实。能储存水分的叶子，是多肉植物安然度过缺水期的重要依靠。

珍珠吊兰在夏季开花，花由许多小花聚集成一个小圆球，开花期持续约一个月。

珍珠吊兰 储存水的珍珠状叶

　　珍珠吊兰是多肉植物的一员，它生长在非洲西南部，因当地气候干旱，所以珍珠吊兰的叶片与芦荟一样也有储存水分的功能，不过，珍珠吊兰储存水分的叶子长得与芦荟的叶子不同，它的叶子演变成圆形，就像是一颗一颗的珍珠，圆形的叶子不仅可以储存更多的水分，而且圆形的形状，与空气的接触面积最小，所以可以减少水分从叶子散失到空气中，更容易保住水分。珍珠吊兰还会生长在其他植物或岩石下方，避免直接被阳光照射，以减少水分散失。

　　圆球状的叶子，照到光的面积较小，光合效率比较差，因此珍珠吊兰每一片叶子上都有一块新月形、半透明的区域，让阳光可以直接照射进叶子内部。

半透明条纹

树木的茎含有木质素，因此比小草的茎更加坚硬，可以撑起树木巨大的身躯，向上长高，争取更多阳光。

茎变化高手

　　茎，是植物的重要支柱，负责撑起植物的身体。透过茎的生长，植物就能不断长高，争取阳光，或者向四面八方蔓延，扩展领土。茎同时也在进行重要的运输工作，将叶片经由光合作用产生的养分，向下运输到根部使用，也将根部吸收的水分，向上运输到叶片。有一些植物，它们的茎经过特化，获得了更多特殊能力，让它们在严峻的生存竞赛中，具备更多优势。

植物发芽后，最重要的第一件事情，就是长高，因此茎会快速拉长，帮助植物得到足够阳光。

刚冒出来的竹笋，里面就有许多节，节与节之间为空心，这些空心的地方会越来越长，形成竹子中空的茎。

节

竹子 坚固的中空茎

　　竹子广泛分布于世界各地，只要是阳光充足、潮湿温暖的环境，竹子就能大量生长。竹子的茎与一般大树很不一样，竹子的茎是一节一节的，而且茎中间还是中空的。虽然竹子的茎很细，不像树木的茎能不断加粗，不过竹子的茎内有着坚硬的木质化纤维，可以提供支撑，让又细又长的竹子不易断裂，而且中空的茎较轻，让它可以长得更高。一节一节的竹子还有另一项超能力，它的每一节都会一起变长，这让竹子可以在短时间内长高，快速获得更多的阳光。

竹子是世界上生长速度最快的植物，刚冒出土的竹笋，一天就可以长高超过一米。这是因为竹子的每一节会一起长长，不像一般的植物只有茎的尖端才能向上生长，所以竹子的生长速度才能如此惊人。

21

牵牛 能爬高的缠绕茎

　　阳光是植物生长必要的资源，因此植物们都争相长高，为的就是要取得更多的阳光。牵牛的茎虽然又细又软，没办法向上直立生长，不过，它们的茎仍然是它们获得阳光的最佳工具。牵牛的茎可以长得非常长，而且只要碰触到任何东西，都会很快地缠绕上去，一圈一圈向上攀爬，因此牵牛只要爬到大树的身上，就可以长得跟大树一样高，甚至覆盖住整个树顶，抢先取得珍贵的阳光，而且这些到处蔓延的茎，也能让牵牛往四周扩展。牵牛的生长速度很快，几乎没有植物有办法抵抗牵牛的缠绕，一旦被缠上，最后可能会因为被牵牛遮蔽了阳光，而无法健康生长。

牵牛的茎具有敏锐的触觉，只要碰到东西，就会改变生长的方向，慢慢地缠绕到对方身上。

茎

蟹爪兰

蟹爪兰·竹节蓼像叶子的茎

蟹爪兰的叶子几乎完全退化，只剩下扁平的叶状茎，代替叶子执行光合作用的任务，而且肥厚的叶状茎还可以储存水分，又没有叶子这么容易散失水分，这让蟹爪兰能够附着在树干上，只靠下雨时吸收的水分，就能生存下去，不需要在地面上扎根吸水，与众多的植物竞争土地，附着在高高的树上也能得到更多阳光，因此增加了生存优势。

竹节蓼除了基部的木质茎之外，其他部位都是又扁又长，但是，那些扁长的部分，其实并不是叶子，而是变成扁平形状的茎。竹节蓼真正的叶子在秋天开花时会全数掉落，但是又绿又扁的茎能够代替叶子的功能，继续进行光合作用，制造养分，让它在秋、冬季可以继续生长。

竹节蓼的茎和叶形状特殊，让它看起来就像是一只蜈蚣，因此又被叫作蜈蚣草。

叶

茎

花

非洲猴面包树

猴面包树 膨大水瓶茎储水

又粗又大的茎是猴面包树最独有的特征，这些粗大的茎里面，有许多的水。猴面包树会趁着雨季，不停吸收水分，储存在巨大的茎中，这些水分可以帮助它们度过接下来的旱季，因此它们能够生长在非洲、澳大利亚的干旱地区，这些地区很少有其他树木能够生存。旱季时，干枯的草原不时会引发大火，猴面包树强壮又粗大的茎甚至可以耐火烧，同时茎里面的水分，还是可以保存得很好，只要降下一场大雨，猴面包树很快又会恢复生机。

大猴面包树生长在马达加斯加，圆筒状的树干几乎不分岔，所有的枝叶都集中在树顶，模样相当古怪。它们会在旱季时落叶，减少水分散失。

马铃薯 储存养分的地下茎

　　马铃薯的适应力很强，在世界各地都很容易种植，不过，马铃薯与大部分的植物一样，一旦遇到干旱或寒冷的天气，地表上的茎和叶都会枯死，但是，马铃薯有着特化的地下块茎，平常时候储存了大量的水分和养分，而且只要土壤中的养分充足，块茎就会越长越多，如此一来，即使遭遇恶劣的天气，叶片全部枯死，地下块茎仍然可以躲在土中，消耗事先储存的养分，静静等待适宜的天气到来，只要环境适合，就会长出新芽，从土中钻出，继续茁壮成长。

新生的子块茎

芽　　芽眼

马铃薯的块茎上有许多芽眼，能够长出新芽。芽眼是块茎特有的构造。

马铃薯的叶子进行光合作用产生的养分，会转变成淀粉，储存在块茎中。

29

根变化高手

植物的根是植物生存很重要的器官之一，根能够深入土壤中，稳固植物，植物才可以一路往上长高，争取到更多阳光，就算风吹雨打也不怕倾倒；广大的根系，还可以吸收土壤中的水分、矿物质及氧气，提供植物生长所需的物质。为了适应不同环境，有些植物因而演化出了形态或功能很不一样的根，让它们能够拓展出更大的生存空间，才能在严苛的环境中生存下来。

主根系

须根系

扫描二维码回复【小牛顿】

即可观看独家科普视频

植物的根分为主根系与须根系，主根系有很明显的主根，主根旁边再长出比较细小的侧根，须根系则没有明显的主根，而全是像胡须的细根。

植物的根在地底下，通常比地上的枝干分布得更广，这样才能够稳住庞大的树身，否则容易倾倒。植物的根会往下深入土壤中，吸收土中的水分与矿物质。

吉贝的板根十分发达，板根甚至可以比一个人还高。有了板根的支撑，吉贝因此可以长得特别高，可高达 30 米，约 10 层楼的高度。

32

吉贝 巨大的支持根

　　吉贝生活在热带雨林区，热带雨林降雨量大，土壤常被大量的雨水冲刷而流失，所以土壤层很薄，植物的根没有办法往土壤的深处扎根。由于根无法深入土壤，许多植物得不到足够的支撑，因此没办法长得很高。而吉贝为了能够长高，争取更多的阳光，制造更多养分，它们发展出了板根结构，根在树干的基部变形成直立板状构造，这些板状构造环绕着树干，往四面八方发展，稳稳地支撑住树木，吉贝因此可以高人一等，不被其他植物遮蔽阳光，抢先取得珍贵的光照。

33

银叶树所生活的海岸区土壤层浅薄，除了有板根提供支持外，它的根还会朝四面八方延伸，以吸收更大范围的水分与矿物质。凸起的板根还能卡住落叶，落叶腐烂分解后，就能成为银叶树的养分。

银叶树 波浪状的板根

　　银叶树生长的地方靠近海岸，海岸边的土壤与热带雨林一样，土壤层浅薄，所以银叶树也与吉贝一样，没有办法扎根很深，因此，银叶树采取了与吉贝一样的策略，它的根同样演变成了突出地表的直立板根，但银叶树的板根长得比较不同，它的板根比较薄，而且延伸的范围更广，呈现波浪状。板根的支持功用也让银叶树可以长到 20 米以上，比四周其他植物更高。银叶树与吉贝的板根，都是它们为了适应环境而发展出的因应策略，以获得更多的生存资源。

吸盘

爬墙虎的吸盘，附着力很强，即使用力拉扯，也不容易脱落。

只要有适合的地方能够攀爬，爬墙虎能爬超过 30 米高。

爬墙虎 飞檐走壁的吸盘

爬墙虎又称为地锦，它和牵牛、豌豆一样，是攀爬高手，但是，爬墙虎的攀爬功力，又更上一层楼，它们用来攀爬的工具，既不是茎，也不是卷须，而是根特化而成的"吸盘"，爬墙虎的匍匐茎上会不断伸出吸盘，吸盘会分泌出黏性极强的黏液，能够直接吸附在其他植物或石头的表面，就连垂直且光溜溜的墙壁，也能轻松爬上去，这可是大部分的攀缘植物所做不到的。爬墙虎就这样朝着阳光的方向越爬越高，并且不断长出分支，直到覆盖住整个墙面，取得最多的珍贵阳光。

榕树的气生根，是由枝干上长出。当空气中的水汽充足时，气生根会长出根毛，吸收空气中的水，生长更快速。

榕树的气生根接触到地面后，会长成支持根，像枝干一样。一棵榕树可能有多达上百根的支持根，远看像是一片树林，其实是仅由一棵树拓展而来的。

榕树 胡须状的气生根

　　榕树生长在潮湿的热带地区，当空气中的水分很多时，榕树为了取得更多水分，除了用土壤下广大的根系吸收土壤中的水分外，榕树还特化出气生根来吸收空气中的水分。榕树会从树干及分岔的枝条上长出许多根，这些根很细，看起来就像是榕树长出了许多胡须，这些细根让榕树能直接从潮湿的空气里吸收水分，而且这些气生根会越长越长，接触到地面后，便会钻入地下，并且开始变粗，变成类似枝条的支持根，让榕树就像挂着一根根的拐杖一样。这些支持根能支撑树木的重量，让榕树站得更稳固，也能帮助榕树向外延伸，扩展领地。

海榄雌的根呈放射状横生，分布面积
极广，能增强植株抓地力。在缺氧的
环境中，海榄雌往上长出许多呼吸根，
这些呼吸根会散布在植株的四周，就
像是冒了许多竹笋一样。

呼吸根

海榄雌 像竹笋的呼吸根

　　海榄雌是红树科植物，生长在河口的泥滩地上，河口的河水水位会因为涨潮退潮而忽高忽低，所以海榄雌的根经常泡在水中。泡在水中的根无法吸收到氧气，缺氧会造成海榄雌死亡，所以海榄雌有独特的直立呼吸根，能向上凸出水面，吸收空气中的氧气。海榄雌的呼吸根是土壤中的根长出的分支，分支往上探出土壤，看起来像一根一根的竹笋。呼吸根上面布满了呼吸孔，让空气中的氧气可以进入。海榄雌的呼吸根不仅能吸收氧气，也有稳固植物的功能，帮助海榄雌稳稳地站立在湿软的泥地中。

储存根

木薯、番薯的储存根都很发达，可以储存大量养分。储存根是由须根膨大而来，一株植株就可以有很多储存根。

番薯·木薯 蕴藏养分的储存根

　　番薯、木薯都是生命力很旺盛的植物，在干旱地区，或是土壤贫瘠的地区都可以生长，不过遇到寒冬或是缺水等严苛环境时，叶片还是会枯死。但番薯与木薯能运用它们特化的储存根，来面对严峻的环境，继续生存下去。地底下的储存根，平常就会预先储存大量养分，当植株的地上部分因为气候变化而死亡时，这些储存根可以凭借储存的养分，在地面下等待适宜环境的到来，然后再利用这些养分，长出新的根、茎与叶，又长成一株完整的植株，继续生存下去。

仙人掌的针状叶，有保护作用，可以避免被植食性动物啃食殆尽。

茎叶果变刺防卫高手

　　植物是自然界里的生产者，它们能自行制造养分而长大，而这些养分也是许多动物们赖以维生的食物，但当植物要被吃时，没有办法像动物一样，直接拔腿逃跑，以求生存，所以植物演变出了许多自我保护的构造，不让叶片、果实、种子轻易被动物吃掉。许多植物的尖状刺，就是它们为了保护自己，演变出的防身武器。因为尖刺能够对动物造成伤害，植物就能多得到一点生存下来的机会。

生长在非洲的金合欢，是非洲植食性动物们主要的食物来源，因此它们演化出刺，来保护自己。

金合欢 叶子变刺保护自己

生长在非洲的金合欢，是许多动物的食物来源，为了不被动物吃光，金合欢的枝条上演化出了自我保护用的武器——长刺，而且脆弱的叶子都长在植株的高处，让个头小的动物无法轻易碰触到。金合欢的刺与仙人掌一样，是由叶子演变而来，这些刺可以随着植物生长，越长越长。这些长刺让动物不敢随便碰触，只好另找其他植物来吃。

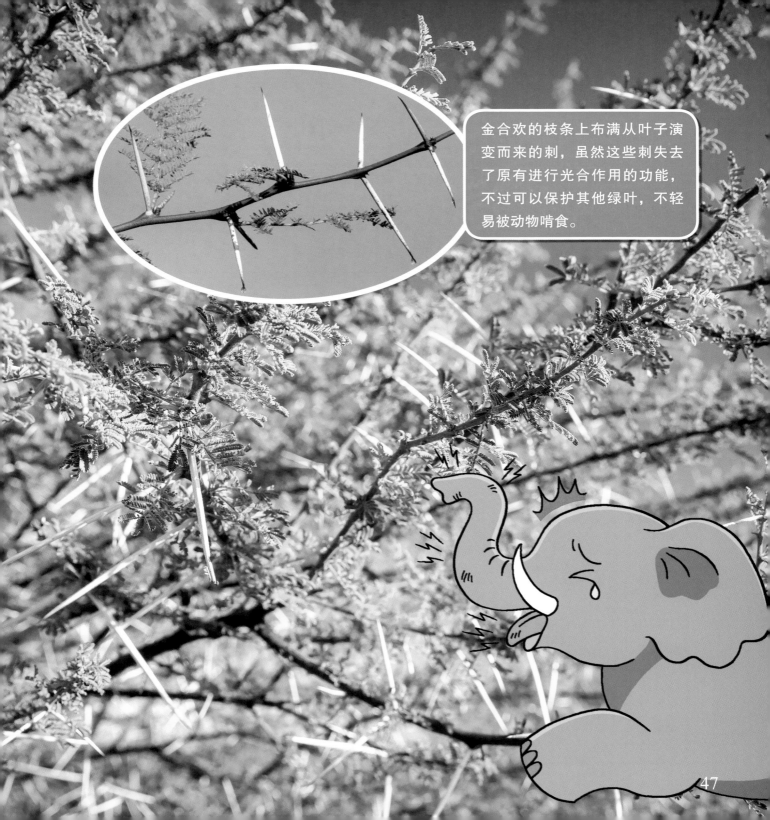

金合欢的枝条上布满从叶子演变而来的刺，虽然这些刺失去了原有进行光合作用的功能，不过可以保护其他绿叶，不轻易被动物啃食。

美丽异木棉茎上满是刺

　　美丽异木棉别名为美人树，是木棉科植物，因为它的花色相当艳丽，满开时十分漂亮，所以被称为美丽异木棉。美丽异木棉避免被动物啃食的方式，就是在它的树干及枝条上长出许多的尖瘤刺，这些刺又尖又粗又硬，可以阻挡动物攀爬，保护长在高处的花、叶与果实，也能防止动物啃咬它的树皮，保护树干里运输水分及养分的构造。

美丽异木棉茎上的刺，是从茎表皮底下的组织长出来的瘤状刺，这些刺可以保护树干不容易被动物啃咬或攀爬。

月季全身都是刺

　　月季是蔷薇科植物，长得比较矮小，所以叶、花跟芽很容易被动物取食，因此月季枝条的表皮，特化出了许多刺来保护自己，它的刺布满在整株植物的枝条上，刺虽然小，但很锐利。刺隐藏在枝叶间，动物若是来啃食叶子、花苞，就会被这些隐藏在叶子间的刺刺伤，被刺得很痛的动物以后就不敢再靠近月季了。月季不仅枝条上有刺，连叶子边缘也都有刺，让动物不容易嚼食。

月季的茎上长满了小刺，这些刺是枝条的表皮突出特化的构造，没办法长得很长。月季的叶片边缘也有刺。

咬人荨麻 有刺也有毒

　　咬人荨麻生活在森林底部，为了保护自己不被吃掉，全身除了长刺外，还会分泌毒素，让碰触到它的动物感到红肿疼痛，感觉就像被咬到一样，所以咬人荨麻又被称为咬人猫。咬人荨麻整株植物，从茎到叶都布满了密密麻麻的尖锐刺毛，刺毛里还含有有毒的蚁酸，当动物要吃它而被刺毛刺到时，蚁酸会让动物产生像被虫咬到一样的疼痛、红肿，动物因此再也不敢吃它。咬人荨麻的双重防御方式，大大增加了生存机会。

荨麻的种类很多，大部分都具有刺毛，有些种类的荨麻还会分泌蚁酸等化学物质，来自我防卫，避免被动物啃食。

53

栗的种子还没成熟时，包裹果实的总苞外壳尖刺是绿色的，等种子成熟后，外壳尖刺转变成褐色，多刺的外壳这才自动裂开，让种子掉落、发芽。

种子

栗·榴梿 长刺不怕被吃

　　有些植物的刺并不长在枝条上，而是长在果实表面，这是为了要保护里面还没有成熟的种子，如果种子还未成熟，果实就被动物吃掉或破坏，种子会因为尚未成熟而无法发芽长成新的植株。包裹栗果实的总苞外壳满布着尖刺，就是要保护里面的种子，等种子成熟后，多刺的外壳会自动裂开，露出里头的种子，种子就能掉落地面发芽，延续栗子树的生命。而榴梿的果实也有着又厚又多刺的外壳，保护未成熟的种子，动物们无法轻易破坏，直到种子成熟，果肉发出一股独特的味道时，外壳才会裂开，让动物们吃，帮忙传播种子。

榴梿果实的硬刺外壳，成熟时才会裂开，并散发香味，吸引动物来食用。

55

图书在版编目（CIP）数据

植物生存高手. 适应篇 / 小牛顿科学教育公司编辑团队编著. -- 北京 ： 北京时代华文书局，2018.10
（小牛顿生存高手）
ISBN 978-7-5699-2576-0

Ⅰ. ①植… Ⅱ. ①小… Ⅲ. ①植物—少儿读物 Ⅳ. ①Q94-49

中国版本图书馆CIP数据核字(2018)第211958号

版权登记号 01-2018-6427

本著作中文简体版通过成都天鸢文化传播有限公司代理，经小牛顿科学教育有限公司授权中国大陆北京时代华文书局
有限公司独家出版发行，非经书面同意，不得以任何形式，任意重制转载。本著作限于中国大陆地区发行。

文稿策划：
蔡依帆、廖经容
照片来源：
Shutterstock：P2～29、P31～55
插画：
Shutterstock：P28、P32、P40招潮蟹
朱家钰：P6、P10、P30、P34、P38、P40海榄雌剖面图、P42、P47、P49、P53、P55

植 物 生 存 高 手　　适 应 篇
Zhiwu Shengcun Gaoshou Shiyingpian

编　　著｜小牛顿科学教育公司编辑团队

出 版 人｜王训海
选题策划｜王训海
责任编辑｜许日春　沙嘉蕊
审　　定｜史　军
装帧设计｜九　野　孙丽莉
责任印制｜刘　银

出版发行｜北京时代华文书局 http://www.bjsdsj.com.cn
　　　　　北京市东城区安定门外大街138号皇城国际大厦A座8楼
　　　　　邮编：100011　电话：010-64267955　64267677
印　　刷｜小森印刷（北京）有限公司　010-80215073
　　　　　（如发现印装质量问题，请与印刷厂联系调换）
开　　本｜889mm×1194mm　1/20　　印　张｜3　　字　数｜37.5千字
版　　次｜2019年5月第1版　　　　　印　次｜2019年5月第1次印刷
书　　号｜ISBN 978-7-5699-2576-0
定　　价｜28.00元